AF586757

MÉMOIRE POSTHUME
SUR
LES INCENDIES SPONTANÉS
DE L'ÉCONOMIE ANIMALE.

MÉMOIRE

POSTHUME

SUR LES INCENDIES SPONTANÉS DE L'ÉCONOMIE ANIMALE;

Par LECAT, Médecin à Rouen.

EXTRAIT DU JOURNAL DE MÉDECINE DE MM. CORVISART, LEROUX ET BOYER.

A PARIS,

De l'Imprimerie de MIGNERET, Imprimeur du Journal de Médecine, rue du Dragon, F. S. G., N.° 20.

1813.

MÉMOIRE POSTHUME

SUR

LES INCENDIES SPONTANÉS

DE L'ÉCONOMIE ANIMALE (1).

Nous appelons incendies spontanés ceux qui paraissent s'allumer d'eux-mêmes. Dans le mémoire que nons lûmes à l'assemblée publique de 1750, *sur la chaleur intérieure de la terre*, nous avons rapporté plusieurs observations par lesquelles il est demeuré constant qu'on a vu dans les différentes parties de l'Europe, certains cantons contenir dans le terrain de leur surface, et en exhaler une flamme qui consumait les matières combustibles qui s'y trouvaient.

Le corps humain a un si grand nombre de phénomènes tout-à-fait semblables à ceux de

---

(1) C'est à M. *A. Lair*, secrétaire de la Société d'Agriculture de Caen, et Auteur d'un Traité sur les Combustions humaines, que la Société doit la communication de ce mémoire inédit, et la permission de le publier. Quoique le travail de *Lecat* ne soit pas tout-à-fait conforme à l'état des connaissances actuelles, on ne lira pas sans intérêt les idées de cet homme justement célèbre, sur un phénomène qui, depuis quelque temps, occupe beaucoup les médecins.

l'univers, que les physiciens lui ont donné le nom de petit monde.

Les incendies spontanés sont une de ces ressemblances parfaites entre le grand et le petit monde. Je n'entends point prendre ici le terme d'incendie dans le sens allégorique, suivant lequel, par exemple, on appelle feux, inflammations, ou maladies inflammatoires, ces états du corps humain, où le sang artériel, amassé dans le tissu des parties, produit beaucoup de chaleur. Il est question ici d'incendies réels et pris à la lettre. Il s'agit d'un feu, qui, sans autre cause extérieure, s'est allumé de lui-même dans l'intérieur de certains sujets, et les a consumés, réduits en cendre, avec des circonstances très-dignes de notre curiosité ou de notre attention.

Tous les phénomènes du feu ont ce caractère particulier, qu'ils étonnent toujours les hommes pour lesquels ils sont nouveaux, et leur imagination en est même quelquefois si frappée, qu'ils leur paraissent ou incroyables, ou miraculeux. Le premier qui s'avisa de tirer cet élément d'un caillou, n'en fut pas cru sur sa parole. Une origine si simple et si grossière n'était plus de niveau avec l'admiration qu'excitait un fleuve de flamme qu'on n'avait jamais vu, et qu'on trouva bientôt aussi précieux que terrible. Prométhée fut taxé de l'avoir dérobé aux dieux. Le ciel fut de tout temps chargé directement du merveilleux, que notre ignorance ou notre imagination étonnée ne nous ont pas permis de rapporter à ses causes naturelles.

L'homme, plus accoutumé au spectacle de la nature, n'a pas encore vu, sans étonnement, les divers météores ignés, les étoiles filantes, les feux folets, les aurores nocturnes, les phosphores de toute espèce; et, dans ce siècle si savant, quel effroi n'a pas causé dans toute l'Europe l'aurore boréale qui s'y fit voir le 29 octobre 1726 !

Enfin, ces expériences de l'électricité que les physiciens même eussent regardé dans un simple récit comme autant de fables, et qui nous sont si familières depuis dix ans, ne nous fournissent-elles pas encore chaque jour de nouvelles singularités, de nouveaux sujets de surprise ?

Quel est le principe de cette admiration, que nous sommes comme forcés de donner à chaque phénomène du feu que nous découvrons ? Le voici :

Tout est plein de la matière du feu. Tous les fluides dans lesquels nous vivons, tiennent de lui leur fluidité. Tous les pores des corps qui nous environnent, en sont imbus. Cette vérité est connue des bons physiciens ; elle l'était de tous, avant que les vertus occultes osassent reparaître dans l'empire de la philosophie, avant qu'on s'avisât de douter que l'univers est rempli de fluides de tous les degrés possibles de subtilité. Mais ce fait, inconnu au plus grand nombre, n'est pour ceux mêmes qui le connaissent, qu'une vérité de théorie. Ces vérités ne convainquent que l'esprit, et sont de celles qui révoltent communément tous les sens. Si la présence actuelle et universelle du feu a encore besoin du témoignage des sens pour achever de convaincre les physiciens mêmes qui la croient, on conçoit que les expériences qui leur attesteront cette présence, auront encore de quoi les flatter et les surprendre agréablement. Elles étonneront, par conséquent, les physiciens qui en doutent : que feront-elles donc sur le reste des hommes qui ne soupçonnent pas seulement que le feu soit une matière tout à-la-fois si commune et si cachée ?

C'est à ce principe général que tient la surprise et l'incrédulité qu'on a naturellement pour les phénomènes extraordinaires du feu, et en particulier pour les incendies spontanés dont j'ai ici à parler.

Il y a quatre ans que je fus publiquement consulté sur un évènement de cette espèce : ma réponse a trouvé, comme je viens de le faire pressentir, plus d'incrédules que de partisans. Il y aura eu, sans doute, aussi un peu de ma faute. Je n'aurai pas exposé mes observations, quoique très-certaines, d'une façon à convaincre mes lecteurs. D'ailleurs, les bornes d'une lettre m'avaient empêché de rassembler assez de faits authentiques, qui sont les meilleures armes contre l'incrédulité. Ce que je n'ai point fait en 1749, je vais m'efforcer de l'exécuter aujourd'hui. Les incendies spontanés sont trop liés à la physique du corps humain, et trop intéressans par eux-mêmes, pour que je néglige de donner à leurs faits toute la certitude qu'ils méritent d'avoir, et à leur cause toute l'évidence que je serai capable de leur procurer. Tels sont les objets qui vont nous occuper dans ce mémoire, divisé par là en deux parties ; l'une historique et l'autre physique.

PREMIÈRE PARTIE.

Observations sur les incendies spontanés de l'économie animale.

Quoique ce siècle soit le plus fécond qui ait jamais paru en expériences qui tirent du feu non-seulement du corps des animaux, mais encore du verre, des résines et du fer même, nous croyons devoir préluder à l'histoire des incendies spontanés de l'économie animale, par des observations qui prouvent incontestablement que les animaux sont remplis de matières combustibles qui s'enflamment ou d'elles-mêmes, ou par des causes occasionnelles les plus légères.

Personne n'ignore cette expérience triviale, par laquelle on fait sortir des étincelles du dos d'un chat dans les ténèbres ; ce que tout le monde peut voir chaque soir sur un chat, beaucoup de curieux l'ont observé sur l'espèce humaine.

Pierre de Castre (*Petrus à Castro, tractatus de igne lambente*), et plusieurs autres, font mention de beaucoup de personnes qui, en frottant leurs bras, tiraient des étincelles, et ils auraient pu nous mettre sur leur liste, si nous eussions vécu de leur temps.

Daniel Horstius, dans sa Physique imprimée en 1682, parle d'un goutteux nommé *Antoine Godefroy*, qui, après un violent accès de sa maladie, s'aperçut qu'en frottant ses jambes, elles étaient toutes resplendissantes de lumière.

Eusèbe, de Nievemberg, nous en apprend

autant du père de *Théodoric;* et *Bartholus*, de *Charles Gonzagues*, duc de Montoue, qui tous deux étaient en fort bonne santé.

Le docteur *Sempson*, dans un Traité de la fermentation, dédié à la Société Royale, cite une femme qui, en se peignant, faisait sortir des étincelles de ses cheveux, comme nous en faisons sortir des poils d'un chat. Les docteurs *Fabri* et *Scaliger* nous donnent chacun une observation toute semblable. *Cardon* parle d'un carme qui, pendant treize ans, fit rendre des étincelles à sa tête par le simple frottement qu'il y faisait en jetant sa capuche sur ses épaules. Le fameux père *Richer*, en visitant une grotte souterraine de Rome, vit sortir des étincelles de la tête de ses compagnons échauffés par cette promenade. Le même *Horstius*, que je viens de citer, dit qu'une femme, pour s'être mise un jour fort en colère, parut avoir la tête toute environnée de flammes, comme dans cette expérience de l'électricité que nous nommons la *béatification*. (Journal des Savans,..... 1683...., avril.) Ce que la colère a fait ici, l'enthousiasme et toute autre passion vive, jointes à un certain tempérament, peuvent le produire, ce qui ferait rentrer dans le naturalisme bien des prodiges que l'antiquité a tant admirés.

Pierre Bavisteau donne l'histoire d'une de ces exhalaisons lumineuses de la tête, si forte et si vive, que les chevenx du jeune homme à qui elle arriva furent réduits en cendre. *Ezéchiel à Castro* nous apprend que la comtesse *Cassendre Buri*, de Vérone, en se frottant les épaules avec un mouchoir, faisait rendre à toute sa peau une lumière très-vive.

Milord *Bacon* a vu le ventre d'une femme rendre des étincelles.

Nous lisons dans les Transactions Philosophiques, que la dame *Suzanne Sewat*, épouse du major de la province de Maryland, depuis le mois de novembre jusqu'à la Chandeleur de l'année 1683, fit sortir des étincelles de tous ses habits qu'elle portait, et cela en compagnie de gens cotés et marqués dans cet ouvrage, au tome 45, page 443. Madame *Sewart* pouvait même envoyer ses habits à ses amis pour leur faire voir chez eux ce phénomène : pour cela ils n'avaient qu'à les secouer, il en sortait des étincelles avec un pétillement pareil à celui que font des feuilles de laurier qu'on a jetées au feu. On lui a quelquefois remarqué en compagnie à l'ongle du pouce, une petite aigrette de feu sans chaleur, qui y durait au moins une minute. Elle mit un jour une juppe de sa sœur ; cet habillement étranger ne rendit point d'abord de lumière, mais en l'ôtant le soir il se trouva lumineux comme ses autres vêtemens.

Le même phénomène était arrivé à madame *Baltimore*, belle-mère de madame *Sewat*; et comme il lui était mort un fils très-cher peu de temps après, on eut plus de penchant à regarder cette singularité comme un prodige d'un prognostic sinistre, qu'à en rechercher les causes à l'avantage de la physique.

M. *Valisnieri*, ami du marquis *Scipion Maffey*, a publié une lettre, d'après le rapport de M. *Mizzanchelli*, médecin Milanais, dans laquelle il donne l'histoire d'une femme qui, s'étant éveillée la nuit, vit sur son lit au-dessus de son corps une flamme dont elle fut trèsépouvantée ; son mari s'étant éveillé, ils essayèrent l'un et l'autre de repousser cette flamme qui cédait à l'agitation de l'air, et reculait et avançait selon leurs différens mouvemens, ce qui dura plus d'un quart-d'heure ; ensuite elle disparut sans avoir causé aucun mal. (*Extrait d'une lettre de M. le Marquis* Scipion Maffey, *Recueil R.*)

Jean, de Vienne, dans son Traité *de Peste Magalensi*, rapporte que la veuve du docteur *Freylas*, médecin du Cardinal *de Royois*, Archevêque de Tolède, rendait naturellement par la transpiration une matière de feu de telle nature, que si elle ôtait une large ceinture (Transactions Philosophiques, tom. 43, p. 453), qu'elle portait sur sa chemise, et qu'elle l'exposât à l'air froid, elle prenait en feu par de petites explosions pareilles à celle des grains de poudre à canon. *Borelli* rapporte la même chose du linge d'un paysan qui s'enflammait dès qu'il était exposé à l'air, et nous avons l'image de ce phénomène dans le phosphore de Homberg, qu'il suffit d'exposer à l'air pour le voir s'embrâser. Ce phosphore est tiré en partie des matières animales.

Ces incendies, qui sont déja connus spontanés, nous conduisent naturellement aux observations qui font le sujet immédiat de ce mémoire.

On lit dans les *Acta Medica et Philosophica Hafniensia* (vol. 11, p. 111.... 118), et dans le livre de *Henry Bohansen*, intitulé : *le Nouveau Phosphore enflammé*, qu'une pauvre femme de Paris s'était accoutumée depuis trois ans à boire de l'esprit-de-vin si amplement, qu'elle ne vivait que de cette liqueur ;

elle devint, par ce régime singulier, combustible au point qu'elle prit feu dans son lit, sans aucune autre cause extérieure, et fut toute réduite en cendre, excepté son crâne et l'extrémité de ses doigts.

Le célèbre *Bianchini*, médecin et ecclésiastique de Vérone, aussi savant que respectable, nous a laissé une relation détaillée d'un incendie spontané, dont voici un extrait communiqué à la Société Royale par M. *Paul Rolly*.

La comtesse *Cornelia Bandi*, de la ville de Cézène, âgée de 72 ans, se portait aussi bien qu'elle avait coutume de le faire. On observa qu'un soir à souper elle était pesante et assoupie. Elle se retira pour se coucher. Quand elle eut passé trois heures avec sa femme-de-chambre, à causer et à faire quelques prières, elle s'endormit et on ferma sa porte. Le lendemain, la femme-de-chambre voyant que sa maîtresse ne s'éveillait point à son heure ordinaire, entra dans sa chambre et l'appela : elle n'en eut point de réponse. Soupçonnant quelque fâcheux accident, elle ouvrit les fenêtres, et vit le corps de sa maîtresse dans le triste état qu'on va d'écrire.

A quatre pieds de distance du lit était un tas de cendre dans lequel on distinguait deux jambes entières, depuis le pied jusqu'au genou, avec les bas. Entre ces jambes était la tête de la dame, dont le cerveau et la moitié du derrière du crâne, et toute la peau, étaient réduites en cendres, parmi lesquelles on trouva encore trois doigts en charbon. Tout le reste n'était que des cendres, qui avaient cette qualité particulière, qu'en les touchant elles laissaient aux doigts une humidité grasse et puante.

On observa que l'air de la chambre était chargé d'une espèce de suie légère; il y avait sur le plancher une petite lampe sans huile, couverte de cendres, et sur la table deux chandelles dans leurs chandeliers; ces chandelles avaient perdu leur suif et conservé leur mêche en entier. Il y avait un peu d'humidité autour du pied des chandeliers. Le lit n'était endommagé en rien. Les couvertures et les draps étaient seulement relevés et jetés de côté, comme on a coutume de le faire en se levant ou en se mettant au lit. Toute la garniture du lit, aussi bien que le lit même, étaient couverts d'une suie couleur de cendre et humide, qui avait pénétré jusque dans les tiroirs d'une commode, et avait même taché le linge dont ils étaient remplis. Cette suie avait encore passé dans une cuisine peu éloignée de cette chambre, et s'était attachée aux murs, aux meubles, et autres ustensiles de cet endroit. Le pain, dans le garde-à-manger, était couvert de cette même suie, et devenu noir : on en présenta à plusieurs chiens qui n'en voulurent point manger.

Dans la chambre au-dessus de l'appartement de la dame, on remarqua qu'il distillait du bas des fenêtres une liqueur jaunâtre, graisseuse et dégoûtante : on sentait aux environs une odeur puante et inconnue, et on distinguait dans l'air cette suie dont on vient de parler. Le plancher de la chambre était enduit d'une humidité gluante si épaisse, qu'on ne put l'en détacher, et la puanteur s'en répandit de plus en plus dans les autres appartemens.

Comme on ne peut pas douter du récit d'un homme du caractère de M. *Bianchini*, qui a publié une brochure entière sur cet évènement, et qui d'ailleurs n'a essuyé aucune contradiction sur tous ces faits, dans le pays même où ils se sont passés, on ne peut pas non plus attribuer cet accident à un incendie ordinaire, qui n'eût pas manqué de réduire la maison en cendres, ou au moins qui, en fondant le suif des deux chandelles, n'eût pas épargné les mêches, ou en couvrant le lit, le plancher et les meubles, de cendres et de suie, n'eût pas respecté les linges, les étoffes, la menuiserie de cet appartement, sur-tout après avoir eu la puissance de réduire en cendres un corps humain, ses entrailles, ses os mêmes, qui, dans l'état ordinaire, sont, après les métaux, les moins combustibles de toutes les matières.

Le savant Auteur de cet extrait ne doute pas non plus que cette dame n'ait été consumée par un feu intérieur et invisible qui, concentré d'abord dans sa poitrine, a commencé par lui donner la pesanteur qu'on lui avait remarquée après souper. Il conjecture que ce feu s'étant développé pendant le sommeil, et cette dame en ayant senti les impressions, s'est levée pour prendre l'air, et peut-être pour aller ouvrir une fenêtre, mais qu'elle n'a pu gagner qu'à quatre pieds de son lit, où elle a été saisie par les violens effets dans lesquels elle a succombé.

Je pense que l'embrâsement a commencé par les entrailles, par les matières contenues dans l'estomac et les intestins, et que les jambes, le sommet de la tête et quelques doigts, ont été conservés comme étant les parties les plus éloignées de ce foyer. Les mêmes circonstances se rencontrent dans l'incendie spontané de cette pauvre femme de Paris, que nous avons ci-devant rapporté.

M. le Marquis *Scipion Maffey*, dont nous avons une lettre sur le même évènement, dit que cette dame avait coutume de se frotter le corps avec de l'esprit-de-vin camphré : il pense que l'usage de cette drogue est une des causes de ce phénomène, qu'il ne balance pas à regarder comme une espèce de foudre particulière à l'économie animale.

Les mêmes Mémoires de la Société Royale, qui m'ont fourni l'histoire précédente de la comtesse *Cornelia*, contiennent trois relations de l'incendie spontané d'une femme de la ville d'Ipswich, capitale du duché de Suffolk, lesquelles méritent trouver place ici. Elles sont des mois de juin, juillet et septembre 1744, et s'accordent toutes sur les principales circonstances du fait. Tous les savans qui les ont écrites les tiennent de témoins oculaires. M. *Gibbons* en particulier, l'un de ces savans, tient son histoire de la propre fille de cette femme, et de deux autres personnes nommées *Bryden*, logées dans la maison même de la dame incendiée. Voici comme le fait s'est passé selon eux :

La nommée *Grace Pitt*, femme d'un marchand de poissons de la paroisse de Saint-Clément d'Ipswich, âgée d'environ soixante ans, avait coutume, depuis plusieurs années, de descendre de sa chambre toutes les nuits, à demi-déshabillée, pour fumer une pipe, ou pour quelqu'autre besoin. La nuit du 9 au 10 avril 1744, elle sortit de son lit à son ordinaire. Sa fille, couchée auprès d'elle, s'endormit et ne s'aperçut que sa mère lui manquait, qu'en s'éveillant le lendemain de grand matin. Alors s'habillant et descendant l'escalier, elle trouva le corps de sa mère couché sur le côté droit, sa tête près la grille du foyer, son corps étendu sur l'âtre, les jambes sur le plancher, qui était de sapin, le tout ayant la figure d'une souche de bois qui se consume par un embrâsement sans flammes apparentes, (à-peu-près comme on fait le charbon en France.) A cet aspect la fille s'empressa de verser dessus l'eau de deux grands vases, pour éteindre cet incendie. La fumée et la puanteur qui s'en exhalèrent, pensèrent suffoquer les voisins qui étaient accourus aux cris de la fille; le tronc du corps était, en quelque sorte, réduit en cendres, et ressemblait à un tas de charbon couvert de cendres blanches. Sa tête, les bras, les jambes et les cuisses avaient aussi beaucoup participé à cet incendie.

On dit que cette femme avait bu largement ce soir là des liqueurs spiritueuses, en réjouissance de la nouvelle du retour d'une de ses filles de Gibraltar. La difficulté, ajoute l'Auteur, est d'expliquer cet incendie. Il n'y avait pas le moindre feu dans le foyer, et la chandelle avait été brûlée en entier dans la bobêche du chandelier qui était auprès d'elle. On trouva de plus, tout auprès de ce cadavre consumé, d'un côté, les habits d'un enfant, et de l'autre un écran de papier qui n'avait pas la moindre atteinte du feu. Cependant la fonte de la graisse de cette femme avait pénétré si profondément dans l'âtre, qu'on ne put jamais l'en nettoyer, et l'on a remarqué que le plancher de sapin n'avait pas seulement été effleuré par le feu, qu'il n'en avait pas même changé de couleur : en sorte que toutes les circonstances de cet incendie prouvent qu'il est l'ouvrage d'une cause intérieure, et non l'effet de l'embrâsement de ses habits, qui n'étaient qu'une robe de coton et un jupon de dessus.

Tout ceci est tiré mot pour mot des Transactions, ouvrage, comme on sait, d'une authenticité respectable. Je me dispenserai donc d'en feuilleter d'autres moins célèbres, pour venir à nos propres observations.

Je passai quatre ou cinq mois de l'année 1724, et un mois ou deux de l'année 1725, dans la ville de Rheims. J'avais logé en cette ville chez le sieur *Millet*, aubergiste et marchand de merrain (bois dont on fait les futailles.) La femme de *Millet* était sans cesse ivre : son ménage était conduit par une jeune personne de Lorraine fort jolie. Le mari, un des plus honnêtes hommes de la ville, avait beaucoup d'attention pour cette belle gouvernante. La femme, le 20 février 1725, se trouva consumée dans la cuisine, à un pied et demi de l'âtre du feu. Une partie de la tête seulement, une portion des extrémités inférieures, y compris le bas et le soulier, quelques vertèbres et quelques bouts des gros os, avaient échappé à l'embrâsement qui avait tout réduit en une terre noire et grasse, semblable à celle qu'on trouve dans les sépulcres. Un pied et demi du plancher, sous le cadavre, avait été consumé : un pétrin, où l'on fait la pâte pour le pain, et un saloir tout proche de cet incendie, n'y avaient point participé. Il y avait peu de jours que j'avais quitté la ville de Rheims, quand cet accident arriva.

M. *Chrétien*, chirurgien alors résidant à

Rheims, où il s'est établi, et de mes amis, a relevé lui-même ces restes de cadavre, avec toutes les formalités juridiques dont il m'a rendu un compte exact. J'épargnerai une partie de ces longs détails à mes auditeurs ; ce que je viens de dire est le précis du procès-verbal des médecins et chirurgiens, et du récit de M. *Chrétien*.

Jean Millet, mari de l'incendiée, a déclaré aux juges, que le 19 février, vers les huit heures du soir, il s'était couché avec sa femme dans une chambre basse, séparée de la cuisine par une allée ; que sur les dix heures, *Jeanne Lemaire*, sa femme, ne pouvant dormir, s'était levée et avait été dans la cuisine, où il pensait qu'elle s'était chauffée et habillée : que lui *Millet* s'étant endormi, il avait été éveillé vers les deux heures par une odeur infecte ; qu'il courut à la cuisine, où il trouva d'abord la tête de sa femme, ensuite les restes, tels que les décrit le procès-verbal des médecins et des chirurgiens ; qu'il a appelé sa servante pour jeter de l'eau sur sa femme ; qu'il s'est trouvé à côté d'elle un chauffoir d'airain, appelé vulgairement couvoir ; qu'ils ont remarqué que le feu de l'âtre était éteint et les cendres répandues.

Il n'est pas difficile de remarquer que l'histoire de *Jeanne Lemaire* a une grande ressemblance avec toutes les précédentes, et que cette ressemblance serait encore plus parfaite, si *Millet*, fort excusable de n'en savoir pas assez pour penser que sa femme avait pu se consumer toute seule, n'avait pas eu intérêt de persuader aux juges qu'elle avait été brûlée dans le feu, ou au moins par le feu de la cuisine, et si les gens de l'art même, qui n'ont pas tous une érudition assez vaste pour être informés de toutes les observations extraordinaires de leur compétence, n'avaient pas été dans la même opinion, soit de bonne-foi, soit pour favoriser *Millet.*

Il est pourtant difficile d'attribuer au feu éteint d'une cheminée, un incendie du corps humain aussi complet, consumé à un pied et demi de l'âtre de cette cheminée; des vaisseaux de bois, tels qu'un saloir et un pétrin, restant intacts à côté du cadavre incendié, pendant que tout le monde sait qu'il n'est rien de si difficile à brûler, et que dans les exécutions publiques il faut y employer des cordes entières de bois, et aider encore l'action de ces grands bûchers par le dépècement des corps qu'on y consume. Son chauffoir, placé à côté d'elle, a encore moins pu produire un tel incendie. Nous avons maintes observations de brûlures faites par ces instrumens, et de gens tombés et laissés dans le feu des foyers, et péris même en conséquence; mais nous ne trouvons dans aucune de ces observations, ni une consomption aussi entière que celle de la dame *Millet*, ni une consomption commencée par les entrailles, les viscères, par le centre du corps, et complète en ces régions, ni enfin une consomption aussi considérable arrivée à un pied et demi de l'âtre du feu : ce sont là autant de ces circonstances qui caractérisent l'incendie spontané, qui peut bien, au reste, avoir été excité par le voisinage du feu.

Ainsi les juges du lieu voyant, dans ce cas, si peu de vraisemblance à le regarder comme les suites d'un incendie ordinaire et extérieur, et n'en devinant pas la véritable cause, poursuivirent vivement cette affaire.

La jolie servante fit le malheur du pauvre *Millet*, que son innocence et sa probité ne sauvèrent pas du soupçon de s'être défait de sa femme par des moyens mieux concertés et plus efficaces, et d'avoir arrangé le reste de l'aventure de façon à lui donner l'air d'un accident. Il essuya donc toute la rigueur de la loi; et quoique par appel à une Cour supérieure et très-éclairée, qui reconnut l'incendie spontané, il sortît victorieux de tant d'épreuves, il fut néanmoins ruiné, consumé de chagrin, et réduit à mourir à l'hôpital, victime innocente de ce phénomène, tant il est essentiel au public d'être instruit de la possibilité et du comment de ces faits étonnans, pour ne point imputer à crime ce qui n'est que l'ouvrage d'une constitution dépravée de l'économie animale. Que de travers, de superstitions, que de persécutions, que de crimes, et, par conséquent, que d'affronts à l'humanité l'on aurait épargnés, si l'on avait eu, de tout temps, un peu plus à cœur de découvrir et de publier toute l'étendue du domaine des lois de la nature! Voilà encore un des avantages précieux du rétablissement des sciences et des arts.

Je n'ajouterai plus à cette partie historique, que l'observation qui m'a été communiquée par M. *Bonnar*, curé de Plergues, près Dôle, dont voici la teneur :

« Permettez-moi, Monsieur, de vous expo-
» sez un fait arrivé sous nos yeux depuis quinze
» jours, et de vous dire que je souhaite fort
» de savoir ce que vous en pensez, sur-tout si

» la boisson de l'eau-de-vie est capable de pro-
» duire un effet semblable.

» La dame *de Boiscon*, de la paroisse de
» Pleidet, évêché de Dôle, à deux lieues de
» Dinan, était âgée d'environ 80 ans, fort
» maigre, et ne buvant que de l'eau-de-vie
» depuis plusieurs années : son ordinaire était
» quatre pots par mois. Il y a quelques jours
» que, étant assise dans son fauteuil devant
» son feu, sa fille de chambre s'en absenta un
» moment. A son retour, elle vit sa maîtresse
» toute en feu : elle crie, on vient; quelqu'un
» veut abattre le feu avec sa main, et le feu
» s'y attache comme s'il l'eût trempée dans
» de l'eau-de-vie ou de l'huile enflammée. On
» apporte de l'eau, on en jette en abondance
» sur la dame, et le feu n'en n'était que plus
» vif. Il ne s'éteignit point que toutes les chairs
» de la dame ne fussent consumées : son sque-
» lette, fort noir, resta entier dans le fauteuil,
» qui n'était qu'un peu roussi. Une jambe
» seulement et ses deux mains se détachèrent
» du reste des os.

» On ne sait point si le feu du foyer avait
» pris dans ses habits, mais il n'y en a nulle
» apparence. La dame était dans la même place
» où elle se mettait tous les jours; le feu
» n'était point extraordinaire, et elle n'était
» point tombée.

» Ce qui me fait présumer que l'usage de
» l'eau-de-vie pourrait produire de pareils ef-
» fets, c'est que mademoiselle *Duverger-*
» *Goyon* m'assure qu'il y a environ trente ans
» qu'il arriva pareil accident à une autre
» femme à la porte de Dinan, dans des cir-
» constances à-peu-près semblables. »

SECONDE PARTIE.

Causes physiques des incendies spontanés.

Les incendies spontanés sont prouvés par les faits; il ne s'agit que de les expliquer et de les rendre vraisemblables. Pour un incendie spontané animal, il ne faut que deux choses; des matières combustibles assez abondantes pour surpasser ou vaincre, dans ce composé, l'amas de celles qui résistent au feu, et dans ces mêmes matières combustibles, une disposition à s'embrâser d'elles-mêmes. J'aurai donc réussi à faire comprendre la possibilité de nos phénomènes, si je fais voir que les animaux sont pleins de matières combustibles, et plus encore dans certains tempéramens qui ont rapport à nos observations; et qu'enfin il est de ces matières de telle nature et tellement mélangées, qu'elles s'enflamment par ce seul mélange, ou par la seule effervescence qu'a produit leur abondante collection.

Nous avons vu, au commencement de ce mémoire, que tous les êtres nagent dans une espèce de lac de matières de feu, et en sont totalement pénétrés. Les animaux participent, comme les autres mixtes, à cette distribution générale, mais ils ont en propre des sources de fluide igné beaucoup plus fécondes encore : ce sont ces matières grasses, huileuses, sulfureuses, spiritueuses, dont ils se nourrissent, qui entrent, par conséquent, dans la composition de l'animal même et de ses liqueurs. Ajoutons à ces principes d'incendie le mouvement continuel des vaisseaux et des fluides des animaux, par celui de leur circulation; le développement ou l'exaltation de ces principes sulfureux et salins, est un esprit ardent; qu'en conséquence de son action démontrée par un grand nombre de faits, j'ai nommé dans ma physiologie le *fluide caustique.* C'est à cet esprit, à ce principe d'incendie légitimement distribué, qu'est due la fluidité des liqueurs, leur action sur les solides, et cet aiguillon précieux qui a tant d'énergie; que c'est à lui en bonne partie que les héros et l'homme de génie doivent cette transcendance qui les met si fort au-dessus du vulgaire; mais c'est aussi à l'excès du fluide qu'on doit attribuer tant de désordres moraux et physiques: c'est à lui qu'on doit imputer la plupart des maux qui sont l'objet de notre art, et en particulier ces phénomènes qui nous occupent aujourd'hui.

Les observations nombreuses de la première partie nous ont fait voir du feu, des étincelles qui s'exhalaient de toute la surface du corps humain; nous allons montrer ici ce feu dans sa source.

La graisse dont la peau de la plupart des animaux est ouatée, et qui se trouve souvent en abondance dans les intervalles des muscles, et à la surface de presque tous les viscères, est le premier qui arrête notre œil anatomique. Nous savons qu'elle est faite d'une huile condensée que nous en retirons par une forte chaleur, et que nous employons très-utilement à entretenir ces feux qui suppléent dans la nuit, dans l'obscurité à la lumière du soleil: que cette même graisse, si elle séjourne dans nos amphithéâtres, y produit d'elle-même de la lumière, et c'est là une des premières espèces de phosphore.

Mais cette même graisse, lumineuse d'elle-même et si inflammable, tout le monde sait qu'elle vient des alimens, et aucun anatomiste n'ignore qu'elle est dans le sang avant de passer dans le tissu graisseux, où elle est déposée par les extrémités artérielles. La masse de nos liqueurs est donc aussi remplie de matières combustibles. Quiconque en doutera n'a qu'à répéter l'expérience de l'observation 171 de la dixième année des Ephémérides d'Allemagne. Qu'il fasse sécher, selon l'art, une quantité quelconque de nos liqueurs, il verra que le résidu s'enflammera comme de l'esprit-de-vin, à l'approche du feu le plus léger. On ne doutera pas que la bile, autre espèce d'huile, très-répandue dans nos liqueurs et nos viscères, et en même temps très-active, très-chargée de ce fluide caustique dont je viens de parler, on ne doutera pas, dis-je, que la bile ne soit très-inflammable, puisque les pierres mêmes qui se forment dans son réservoir s'enflamment et brûlent comme le meilleur bitume. On voit tous les jours dans les cuisines, que les os des animaux jetés au feu, y rendent une huile qui en fait encore des parties combustibles. Que trouvons-nous donc dans l'économie animale qui n'admette point de parties sulfureuses ? on doit naturellement présumer que nous n'en trouverons point dans l'eau qui fait partie de ses liqueurs, et il nous est aisé d'examiner chaque jour le superflu de ces eaux qu'elle a soin de nous rendre. Nous n'en sommes point aux épreuves, et personne n'ignore que c'est justement de l'urine humaine que la chimie tire cette pierre lumineuse si célèbre qu'on appelle phosphore urineux, lequel donne sans cesse de la lumière, et qui, étant frotté, s'enflamme et embrâse d'un feu très-solide toutes les matières combustibles qu'il touche.

L'analyse anatomique et chimique démontre donc que nous sommes pétris en partie de matières sulfureuses très-combustibles, et voici une expérience du même genre qui confirme ces vérités. Elle est due à *Adrien Vulparius*, professeur d'anatomie à Bologne en Italie, et elle est rapportée par *Jean Pisano*, dans la 77.e observation des Ephémérides d'Allemagne. Liez les deux orifices d'un estomac; pressez-le de la main gauche, afin qu'un de ces orifices se gonfle; de la main droite ouvrez promptement, avec un scalpel, cet estomac, ayant eu soin de faire mettre auparavant une bougie allumée à un pouce de l'ouverture que vous allez faire, vous verrez sortir de cette ouverture une vapeur qui s'enflamme, et vous en pourrez faire autant avec les intestins. Cette expérience suppose sans doute que l'estomac dont on se sert a encore une partie des alimens pris par le sujet.

Ce que *Vulparius* et *Pisano* ont fait faire à l'estomac et aux intestins d'un cadavre, *Borelli* le rapporte d'une femme mourante qui, dans cet instant fatal vomit des flammes.

Une expérience que je fais dans mes cours de physique, rend ces phénomènes singuliers très-vraisemblables. Mettez dans une fiole plein un dez de limaille; versez dessus une cuillerée d'huile de vitriol, et une très-grande cuillerée d'eau; bouchez cette bouteille avec le pouce jusqu'à ce que la fermentation qui s'y fait vous force un peu ; laissez sortir de la bouteille une petite quantité de la vapeur contenue, vis-à-vis de la lumière d'une bougie : cette vapeur s'enflamme très-vivement.

Il demeure constant que nous sommes naturellement composés et remplis de matières combustibles ; mais si, à ces phosphores qui nous sont naturels, on en ajoute de nouveaux par l'usage continuel des boissons spiritueuses, comme le vin, et sur-tout l'eau-de-vie qui est presque toute une huile éthérée, on doit penser que les provisions ordinaires de matières sulfureuses subtiles s'en trouveront considérablement augmentées ; car ce qu'il y a de phlegme d'eau dans les boissons, se filtre par les couloirs naturels et s'évacue par les urines, mais l'huile séjourne dans les organes, et sa portion éthérée s'incorpore en plus grande partie dans les liqueurs, dans le tissu des solides. C'est par là que l'on peut expliquer ces observations de l'année dixième des Ephémérides d'Allemagne, qui nous apprennent que dans ces régions du Nord on voit quelquefois sortir des flammes de l'estomac des grands buveurs de liqueurs. Il y a environ dix-sept ans, ajoute *Hurminus*, éditeur de cet ouvrage, que trois gentilshommes de Courlande, que la décence m'empêche de nommer, burent à qui mieux mieux des liqueurs fortes ; deux de ces braves furent suffoqués par une flamme qui s'élança d'elle-même de leur estomac.

L'extrême embonpoint donne à-peu-près les mêmes dispositions à toutes les parties du corps, quoique à un moindre degré, parce que la graisse, l'huile et le soufre sont des mixtes très-analogues, et je remarque que tous les sujets qui ont péri par l'incendie spontané étaient extrêmement gras, ou s'ils étaient maigres, ils étaient buveurs de liqueurs spiritueuses.

Il transpire sans cesse des animaux une vapeur chargée de tous les principes qui composent leurs liqueurs. L'atmosphère qui en résulte autour de nous est différente dans chaque sujet, suivant la différence de ces liqueurs, et c'est à cette diversité qu'un chien distingue son maître de tout autre. Celle qui est particulière aux tempéramens sulfureux que nous venons de décrire, à ces gens gras, ou sans cesse abreuvés de liqueurs spiritueuses, doit être remplie d'un soufre subtile et presque aussi inflammable que les vapeurs de l'esprit-de-vin qu'embrâse le feu de l'électricité, ou celle de la fiole de l'expérience précédente. Cette vapeur ne manquera pas de s'embrâser aussi à l'approche d'une flamme quelconque, et de porter l'incendie dans les liqueurs sulfureuses, dans les graisses dont elle est émanée, et auxquelles elle est contiguë. Cette atmosphère sulfureuse s'étend vraisemblablement à plusieurs pieds de distance du sujet; celle d'un ivrogne frappe l'odorat même d'assez loin; il n'est donc pas étonnant que le feu ait pris à nos incendiés, quoiqu'ils fussent à une certaine distance du feu.

Mais il n'est pas même besoin d'une flamme étrangère pour allumer celle-ci. Nous avons vu un grand nombre de mélanges de liqueurs et de matières qui s'enflamment d'elles-mêmes et sans l'approche d'aucune autre.

Nous avons déja parlé du phosphore de Homberg, qui s'enflamme dès qu'on l'expose à l'air. Ceux qui ont suivi mes cours ont vu le simple mélange de l'esprit de térébenthine et d'esprit de nitre fumant, produire une flamme considérable, et l'on peut faire la même expérience avec l'huile de sassafras et l'esprit de nitre, et en général avec les esprits acides mêlés avec les huiles aromatiques, et même les huiles simples.

Tous les principes qui entrent dans ce mélange qui s'embrâse de lui-même, se trouvent dans le corps humain. Ils peuvent, par conséquent, y porter l'embrâsement dans les autres matières qui en sont susceptibles.

L'espèce de phosphore humain de notre phénomène est composé d'huile partie éthérée, partie bitumineuse, animées du sel ammoniac dont abondent tous les animaux, et du sel de tartre dont se fournissent tous les buveurs. Or, une pareille composition ressemble beaucoup à celle que les Auteurs nous ont donnée du feu gregeois, qui avait, comme on sait, la propriété de brûler dans l'eau. Cette analogie explique la difficulté qu'on trouva à éteindre avec de l'eau l'incendie de la dame d'auprès de Dôle. Au reste, la nature de ces feux varie comme celle du tonnerre, auquel M. *Maffey* a grande raison de les comparer.

On a pu remarquer, dans les observations de la première partie, que les météores ignés de l'économie animale sont plus fréquens chez les femmes que parmi les hommes, et qu'en particulier tous les sujets consumés par l'incendie spontané étaient des personnes du sexe. Nos poëtes galans, accoutumés à regarder ce sexe comme un intermédiaire, pourraient trouver, dans ces faits des moyens spécieux de justifier leurs expressions. Cet ample magasin de feu leur fournirait un Etna plus terrible peut-être que celui où ils font forger à *Vulcain* les armes des dieux et des héros. Le physicien même pourrait trouver dans ces observations le principe d'une opinion assez généralement reçue, que la plus aimable partie du genre humain est aussi la plus passionnée et la plus vive. Mais l'anatomiste exact et le physiologiste profond ne se prêteront pas à de pareilles idées. Ils savent que le nombre des nerfs et des vaisseaux, la quantité et l'espèce des liqueurs, est à-peu-près la même dans les deux sexes. Ils savent, de plus, que les différences réelles qui caractérisent le mâle, concourent à donner à ses organes, à leurs fonctions, et, par conséquent, à ses passions, plus de force et de durée, plus de constance et d'ardeur. Il n'échappera pas d'ailleurs à leur attention, que les incendiés de nos observations sont tous des personnes surannées dans lesquelles ces feux, tout à-la-fois redoutables et charmans, que nous indiquions tout-à-l'heure, étaient éteints depuis long-temps.

Il est, pour expliquer cette circonstance de nos observations, une particularité du genre de vie du beau sexe, plus certaine d'une application plus vraisemblable, et déja reconnue pour être la source la plus féconde des caractères qui le distinguent du nôtre : c'est la vie oisive et sédentaire.

Le principe actif, l'agent de nos incendies, c'est le mouvement de fermentation, d'effervescence. Tous les chimistes savent que cette effervescence exige essentiellement le repos dans la masse des matières qu'on veut faire fermenter. Si le sexe est plus que nous dans cet état de repos, ses humeurs seront plus exposées à séjourner, à fermenter, à s'enflammer; et, toutes choses égales d'ailleurs, cette effervescence inflammatoire arrivera sur-tout dans les personnes que l'âge ou un état décrépit mettra dans la nécessité d'être encore plus sédentaires. Chacun ne connaît ici le cas de nos femmes incendiées, et, par conséquent, la raison du choix que la nature en a fait, pour être le sujet célèbre de cette espèce de prodige.

Le phénomène de l'incendie spontané, regardé comme un accident, comme une maladie, a cela de consolant qu'il est aisé de nous en préserver par l'abstinence peu difficile des excès qui ont coutume de l'occasionner; et la morale même, qui n'est pas fort communément le but de la physique, tire avantage de nos observations en ce que le malheur de ceux qui y succombent, est une vive leçon contre l'usage continué des liqueurs spiritueuses, et que ceux qui y sont livrés d'habitude sont menacés d'être, dès leur vivant, la proie des flammes, le produit et le châtiment de leurs débauches.

FIN.

[illegible]. Si le sujet est plus [illegible] dans cet état de torpeur, ses humeurs seront plus exposées à se corrompre, à fermenter, à s'enflammer; et quoique [illegible] d'ailleurs, cette [illegible] inflammatoire arrivera sur-tout dans les personnes que l'âge ou un état débi- [illegible] mettra dans la nécessité d'être encore plus sédentaires. [illegible] m'a fourni ici le cas de [illegible] femmes [illegible], [illegible] la [illegible] qui [illegible] fait, pour [illegible] de cette espèce de [illegible] phénomène [illegible], [illegible] comme [illegible] [illegible] [illegible] [illegible] [illegible], et la [illegible] le but de la [illegible] avantage de [illegible] [illegible] [illegible] [illegible] que ceux [illegible] [illegible] [illegible] de [illegible].

www.ingramcontent.com/pod-product-compliance
Lightning Source LLC
LaVergne TN
LVHW052018160826
845678LV00003B/1099

* 9 7 8 2 3 2 9 6 5 2 6 7 2 *